Haimanot Teferi

# Ampleur et facteurs associés de la dénutrition chez les enfants

Haimanot Teferi

# Ampleur et facteurs associés de la dénutrition chez les enfants

## âgés de 6 à 59 mois dans les centres d'orphelins éthiopiens

ScienciaScripts

**Imprint**

Any brand names and product names mentioned in this book are subject to trademark, brand or patent protection and are trademarks or registered trademarks of their respective holders. The use of brand names, product names, common names, trade names, product descriptions etc. even without a particular marking in this work is in no way to be construed to mean that such names may be regarded as unrestricted in respect of trademark and brand protection legislation and could thus be used by anyone.

Cover image: www.ingimage.com

This book is a translation from the original published under ISBN 978-620-4-20345-4.

Publisher:
Sciencia Scripts
is a trademark of
Dodo Books Indian Ocean Ltd., member of the OmniScriptum S.R.L Publishing group
str. A.Russo 15, of. 61, Chisinau-2068, Republic of Moldova Europe
Printed at: see last page
**ISBN: 978-620-4-10542-0**

## Ampleur et facteurs associés de la dénutrition chez les enfants âgés de 6 à 59 mois dans les centres d'orphelinat éthiopiens


**Contexte** : Les enfants sans soins parentaux sont à haut risque de sous-alimentation.L'Ethiopie compte l'une des plus grandes populations d'orphelins dans le monde.Cependant,il n'y a pas d'informations sur le statut nutritionnel des enfants dans les centres d'orphelinat éthiopiens.Ainsi,nous avons cherché à évaluer l'ampleur et les facteurs associés de la sous-alimentation chez les enfants âgés de 6 à 59 mois dans les centres d'orphelinat éthiopiens.

**Méthode** : Une étude transversale descriptive et analytique basée sur l'institution a été menée sur 227 enfants âgés de 6 à 59 mois dans des centres d'orphelinat sélectionnés d'Addis-Abeba,Éthiopie de juillet à août 2019.Une technique d'échantillonnage aléatoire simple a été utilisée pour sélectionner les participants à l'étude. Un questionnaire structuré prétesté administré par un enquêteur,un examen des documents et des mesures anthropométriques ont été utilisés pour recueillir les données.Epi info version 7.2.1.0 et SPSS version 23.0 ont été utilisés respectivement pour la saisie et l'analyse des données.Les indices anthropométriques ont été générés à l'aide du logiciel Anthro version 3.2.2 de l'OMS. Toutes les variables ayant une valeur p < 0,25 dans l'analyse bivariable ont été prises en compte pour une analyse de régression logistique binaire multivariable.Le niveau de signification statistique a été déclaré à une valeur p < 0,05.

Résultats : La prévalence de l'émaciation, de l'insuffisance pondérale et du retard de croissance était respectivement de 4,4 %, 12,3 % et 34,8 %. Le fait d'être un enfant doublement orphelin [AOR= 2,9(1,201, 7,167)] et l'absence de supplément de vitamine A au cours des six derniers mois (AOR=1,9(1,049, 3,799)) étaient des prédicteurs significatifs du retard de croissance et la maladie au cours des deux dernières semaines avant l'enquête [AOR= 4,9(1,345, 1,865)] était un prédicteur significatif de l'émaciation.

Conclusion : La prévalence du retard de croissance était élevée par rapport à la classification de l'OMS.Le fait d'être doublement orphelin, le manque de supplément de vitamine A et la maladie au cours des deux dernières semaines étaient associés à la dénutrition.Par conséquent, les administrateurs des orphelinats et les autorités sanitaires devraient intensifier leurs efforts pour augmenter les taux de supplémentation en vitamine A ainsi que les autres mesures de prévention des maladies.

Mots-clés : Sous-nutrition, Enfants de moins de cinq ans orphelins et vulnérables, Addis Abeba, Ethiopie

La dénutrition est définie comme le résultat d'un apport alimentaire insuffisant (faim) et de maladies infectieuses répétées. [1] Elle est la cause fondamentale des décès dans l'enfance, à laquelle on attribue directement ou indirectement 3,1 millions de décès (45 %) dans le monde. [2,3] Ses conséquences sont graves et ont des implications irréversibles et durables. [4] Les enfants placés en institution sont potentiellement plus exposés au risque de malnutrition. [5] Une étude menée en Roumanie sur des enfants placés en institution a révélé des retards importants dans le développement cognitif, la croissance et la compétence sociale chez les jeunes enfants élevés en institution. [6]

Le nombre d'enfants qui se retrouvent orphelins dans le monde en raison de la perte de leurs parents a augmenté ces dernières années. Le Fonds des Nations unies pour l'enfance a indiqué que près de 140 millions d'enfants et d'adolescents étaient orphelins dans le monde, dont plus d'un tiers (36 %) dans la région subsaharienne. Par conséquent, les communautés et les familles sont confrontées au défi croissant de fournir des soins aux enfants vulnérables. [7,8] De nombreux orphelinats d'Afrique subsaharienne dépendent de dons. Les enfants sont souvent utilisés comme une entité commerciale pour attirer des fonds et peuvent être envoyés mendier ou se produire pour le compte de centres. Dans certains cas, les enfants sont maintenus dans des conditions insalubres pour attirer les donateurs et les bénévoles. [9]

L'Éthiopie, l'un des pays d'Afrique subsaharienne comptant un nombre élevé d'orphelins. Le pays est également le [5e] des dix premiers pays du monde en termes de population orpheline et le deuxième en Afrique après le Nigeria (12 millions). En Éthiopie, on estime à 5,4 millions le nombre d'orphelins à la suite du décès d'un ou des deux parents, dont environ 15 % seraient des orphelins du VIH/sida. [10] Les raisons les plus fréquemment citées pour le placement des enfants dans des orphelinats sont la séropositivité des parents, le sida ou d'autres maladies chroniques et la pauvreté. [9] Le développement de nouvelles institutions de soins aux enfants a augmenté au cours des dernières années et on estime à 87 le nombre total d'institutions de soins aux enfants situées dans les sept principales régions de l'Éthiopie. [11] Selon le rapport du Bureau éthiopien des affaires de l'enfance et de la jeunesse, le financement inadéquat des programmes destinés aux enfants, le manque de personnel qualifié, le manque de services psychosociaux et l'absence de planification stratégique à long terme sont quelques-uns des problèmes auxquels sont confrontés les orphelinats. [12] En outre, les défis qui peuvent aggraver la situation de vulnérabilité de ces enfants à la dénutrition comprennent : la perte des soins parentaux et d'autres facteurs aggravants tels que les ratios élevés entre enfants et soignants, la mauvaise hygiène, les quantités inadéquates et la diversité des aliments servis, et les soins non individualisés. [13]

En Éthiopie, les parents et les communautés peuvent considérer les orphelinats comme une solution en cas de circonstances difficiles. Cependant, la majorité des enfants dans les orphelinats ont des problèmes nutritionnels en raison de nombreux facteurs, notamment le fait qu'ils n'ont jamais été nourris au sein ou exclusivement au sein, les faibles taux de vaccination et l'hygiène de base. Par conséquent, les enfants sont pris dans un cycle de dénutrition et d'infection, ce qui nuit à leur santé, à leur développement et augmente le risque de mortalité. L'importance d'une nutrition adéquate, de la préservation de la santé et d'un investissement important dans leur santé pendant l'enfance est cruciale pour optimiser le développement physique et mental.

L'Éthiopie est l'un des pires endroits au monde où l'énorme population d'orphelins vit dans une situation très difficile. [9] Au niveau national, ces segments de la population ont reçu très peu d'attention programmatique et de recherche en Éthiopie et aucune étude n'a été menée pour évaluer l'état nutritionnel des orphelins institutionnalisés et des enfants vulnérables à Addis-Abeba, même au niveau national. Par conséquent, l'objectif de cette étude était d'évaluer la dénutrition et ses facteurs de risque associés chez les orphelins institutionnalisés et les enfants vulnérables à Addis-Abeba, en Ethiopie.

## Méthodes
### *Conception de l'étude, contexte et population*

Une étude transversale descriptive et analytique basée sur l'institution a été menée de juillet/2019 à août /2019 à Addis-Abeba, en Éthiopie. Selon la projection démographique de 2019 de l'Éthiopie, Addis-Abeba a une population totale de 4 592 000 habitants, dont les hommes et les femmes représentaient respectivement 2 297 378 et 2 294 623 zones. [14] C'est la capitale de l'Éthiopie et le siège de l'Union africaine. A Addis Abeba, il y avait un total de 33 centres d'orphelinats dont 31 étaient des orphelinats non gouvernementaux et 2 étaient des orphelinats gouvernementaux avec un nombre estimé à 2800 enfants (<18 ans) dont 1600 étaient des garçons et 1200 des filles. Sur l'ensemble des centres d'orphelinats, 13 centres d'orphelinats ont pris en charge 445 enfants âgés de 6 à 59 mois. [11] Les orphelins et enfants vulnérables (OEV) institutionnalisés âgés de 659 mois dans les orphelinats sélectionnés étaient éligibles pour les populations étudiées. Les enfants qui étaient malades au moment de la collecte des données et ceux qui présentaient des handicaps physiques posant des difficultés lors des mesures anthropométriques ont été exclus.

## Détermination de la taille de l'échantillon et procédure d'échantillonnage

La taille de l'échantillon a été calculée à l'aide de la formule de la proportion de la population unique. Sur la base du taux de prévalence du retard de croissance chez les enfants orphelins (45,7%) dans le nord de l'Ethiopie15, avec un niveau de confiance de 95%, une marge d'erreur de 5%, un taux de non-réponse de 10%, et l'application de la formule de correction de la population finie, la taille finale de l'échantillon requise était de 227 enfants âgés de 6 à 59 mois dans les centres d'orphelinats. Sur les treize orphelinats d'Addis Abeba accueillant des enfants âgés de 6 à 59 mois, cinq orphelinats (KebebeTsehay, Care for children, Kidanemehert, Selam children et Selenat) ont été sélectionnés par tirage au sort, et la taille de l'échantillon a été allouée proportionnellement aux orphelinats sélectionnés en fonction de leur part dans la population étudiée. Une technique d'échantillonnage aléatoire simple a été utilisée pour sélectionner les participants de chacun des centres en utilisant le registre du centre comme base de sondage.

## Collecte des données

Les données ont été recueillies à l'aide de questionnaires structurés administrés par un enquêteur, d'une analyse documentaire et de mesures anthropométriques (taille et poids). Le questionnaire a été adapté à partir de différentes études connexes. [15-17] Il a été initialement préparé en anglais, puis traduit en amharique (langue locale) et retraduit en anglais pour en assurer la cohérence. Les informations obtenues comprenaient les facteurs sociodémographiques des enfants, le statut d'orphelin (orphelin simple, orphelin double), la durée du séjour des enfants à l'orphelinat, le statut vaccinal, le supplément de vitamine A et le statut de morbidité des enfants. Les cartes de santé des enfants, les certificats de naissance et autres documents disponibles ont été utilisés pour s'assurer de l'enregistrement de l'âge réel de l'enfant et d'autres informations pertinentes, y compris la date d'entrée à l'orphelinat, pour vérifier si l'enfant a rejoint d'autres institutions avant de venir dans les centres de l'orphelinat actuel. Les enfants ont été considérés comme ayant reçu toutes les vaccinations de base lorsqu'ils ont reçu un vaccin contre la tuberculose (également connu sous le nom de BCG), le vaccin DPT-HepB-Hib (également appelé pentavalent), les vaccins contre la polio, et la vaccination contre la rougeole Selon les directives développées par l'OMS. [18] La maladie au cours des deux dernières semaines a été évaluée à partir du dossier pour déterminer si l'enfant présentait des symptômes de toux, de diarrhée et de fièvre. Si l'enfant présentait l'un de ces symptômes, il était considéré comme malade au cours des deux dernières semaines avant l'entretien.

La taille/longueur a été mesurée en centimètres à l'aide d'une planche de taille/longueur portable (planche UNICEF-longueur/longueur) avec une précision de 0,1 centimètre. Une pièce mobile sur la planche sert de marchepied lors de la mesure de la longueur, ou de tête de lit lors de la mesure de la taille. La taille debout a été mesurée pour les enfants de 24 mois ou plus. Pendant la mesure de la taille, la tête des enfants était positionnée de manière à ce que les yeux regardent droit devant eux dans le plan de Francfort (la tête, l'épaule, les fesses, le genou et les talons touchent la planche verticale). Si l'âge de l'enfant était inférieur à 24 mois, la planche à mesurer était utilisée pour mesurer la longueur de l'enfant en position couchée, les jambes de l'enfant étant maintenues vers le bas d'une main et le marchepied étant déplacé de l'autre main. Une légère pression était appliquée sur les genoux pour redresser les jambes aussi loin que possible sans causer de blessure. Les mesures de hauteur/longueur ont été prises deux fois et la moyenne des deux a été calculée pour obtenir la longueur/taille de l'enfant.

Le poids a été mesuré par une balance numérique Seca (numéro de série 5874096165856, modèle 874 1021658. Seca gmbh & co kg, 22089 Hambourg, Allemagne) avec une précision au 0,1 kg près dans le tissu léger (sous-vêtements, t-shirt uniquement) et ont enlevé leur chaussure. Si l'enfant a moins de 24 mois, s'il ne restait pas immobile ou s'il sautait, on utilisait une balance tarée (remise à zéro avec la personne qui vient d'être pesée toujours dessus). Par conséquent, la personne qui s'occupe de l'enfant peut se tenir debout sur la balance, être pesée et la balance tarée. Le poids des enfants a été mesuré deux fois et la moyenne des deux poids a été calculée. Deux infirmières diplômées ayant déjà eu des expériences de collecte de données avec l'aide d'une personne s'occupant d'enfants, recrutées dans chacun des centres sélectionnés, ont été utilisées pour la collecte des données.

La formation d'une journée a été dispensée aux collecteurs de données en mettant l'accent sur les objectifs de l'étude, l'administration du questionnaire structuré, l'examen des documents, les mesures anthropométriques et les considérations éthiques. L'erreur technique de mesure (TEM) a été calculée pour évaluer les erreurs intra et inter-observateurs de mesure du poids et de la taille pendant la formation. Pour cela, le chercheur principal a pris deux mesures du poids et de la taille de dix enfants et a laissé les collecteurs de données prendre deux fois les mesures des dix enfants. Ensuite, les données ont été saisies et calculées par le logiciel ENA SMART version 2011 pour standardiser les mesures anthropométriques. Pour ceux qui avaient une mauvaise précision, une formation complémentaire a été donnée. Juste après la formation, un pré-test a été effectué sur 5% de l'échantillon dans un centre d'orphelinat qui n'a pas été inclus dans l'étude réelle. Le calibrage de la balance a également été effectué en s'assurant que les aiguilles de la balance étaient à zéro avant de prendre les mesures. Pendant la collecte des données, l'enquêteur principal a supervisé de près et examiné quotidiennement le questionnaire rempli. Les résultats de l'étude ont été communiqués aux orphelinats et à la direction du centre pour une action appropriée.

## Analyse statistique

Les données ont été saisies dans le programme informatique Epi info version 7.2.10. Ensuite, elles ont été exportées vers SPSS windows version 23 pour être analysées. L'ampleur du retard de croissance, de l'émaciation et de l'insuffisance pondérale a été déterminée en exportant l'âge, le sexe, la taille et le poids de l'enfant vers le logiciel Anthro de l'OMS, version 3.2.2, et le score Z de la taille pour l'âge (HAZ), du poids pour la taille (WHZ) et du poids pour l'âge (WAZ) a été calculé. Les enfants dont le score Z de HAZ, WHZ et WAZ était inférieur (<-2) à la médiane de la population de référence ont été considérés comme souffrant d'un retard de croissance, d'une émaciation ou d'une insuffisance pondérale, respectivement. La variable de résultat a été enregistrée sous forme de résultats dichotomiques : le retard de croissance, l'insuffisance pondérale et l'émaciation ont été codés comme "1" et "0" sinon. Des statistiques descriptives telles que les fréquences, les pourcentages et la moyenne ± SD ont été utilisées pour décrire les données. Une analyse de régression logistique bivariable a été effectuée pour explorer l'association brute entre les différentes variables prédictives et la dénutrition. Afin de contrôler les éventuels facteurs de confusion et d'identifier les facteurs qui étaient indépendamment associés à la dénutrition, une analyse de régression logistique binaire multivariable a été réalisée pour les variables dont la valeur p était inférieure à 0,25 dans l'analyse bivariable. Le test de Hosmer-Lemeshow a été utilisé pour vérifier la qualité de l'ajustement du modèle. Le rapport de cotes ajusté (AOR) avec des intervalles de confiance de 95 % a été utilisé pour notifier la force de l'association et des valeurs P- de <0,05 ont été utilisées pour déclarer la signification statistique dans l'analyse multivariable.

## Résultat

Un total de 227 OEV ont été inclus dans l'étude avec un taux de réponse de 100%. Plus d'un tiers 83 (36,6 %) des enfants étaient dans la catégorie d'âge de 3647 mois. Sur le total, 150 (66,1%) enfants étaient des garçons et le reste des filles. L'âge moyen (écart-type) des enfants de l'orphelinat était de 36 mois (écart-type ± 12). Soixante-dix-neuf (34,8 %) des enfants OEV avaient séjourné dans les orphelinats pendant une période comprise entre 12 et 23 mois, tandis que 67 (29,5 %) avaient séjourné pendant 24 à 35 mois. Un petit pourcentage de 14 (6,2%) avait séjourné pendant >=36 mois. La durée moyenne (ET) du séjour à l'orphelinat était de 19,3 (ET ± 10,2) mois. Cent quatre-vingt-six (81,9 %) des enfants étaient des orphelins doubles et les autres étaient des orphelins maternels ou paternels [Tableau 1].

Plus des deux tiers des OEV avaient reçu tous les vaccins de base 160(70,5 %) et 161(70,9 %) étaient supplémentés en vitamine A au cours des six derniers mois. Dans cette étude, quatre-trois (18,9 %) des enfants de l'étude étaient en mauvaise santé. Parmi les maladies signalées, vingt-six (60,5 %), onze (25,6 %) et six (13,9 %) des enfants avaient respectivement la diarrhée, la toux/le rhume et la fièvre au cours des deux dernières semaines [Tableau 2]. La prévalence du retard de croissance, de l'émaciation et de l'insuffisance pondérale parmi les participants à l'étude était de 34,8 %, 4,4 % et

12,3 % respectivement [Figure 1].

Dans l'analyse bivariable : le sexe, les maladies au cours des deux dernières semaines avant la collecte des données, la durée du séjour à l'orphelinat et le statut vaccinal étaient associés à l'émaciation. Cependant, dans l'analyse de régression logistique multivariable : la maladie avant les deux semaines de l'enquête s'est avérée être un prédicteur indépendant de l'émaciation [Tableau 3]. Parmi les variables entrées dans l'analyse de régression logistique bivariable : le sexe, la diarrhée au cours des deux dernières semaines de l'enquête, le statut de vie des parents, le supplément de vitamine A, la durée du séjour dans l'orphelinat et l'âge étaient associés à l'insuffisance pondérale. Cependant, aucun facteur n'a été associé à l'insuffisance pondérale dans l'analyse de régression logistique multivariable [Tableau 1].

4] . L'âge, le sexe, le supplément de vitamine A et le statut de vie des parents étaient associés au retard de croissance dans l'analyse bivariable. Mais les enfants doublement orphelins et les enfants qui ne prenaient pas de supplément de vitamine A étaient significativement associés au retard de croissance dans le modèle de régression logistique multivariable [Tableau 1].

5] .

## Discussion

Cette étude a évalué la prévalence de la sous-nutrition et les facteurs associés chez les orphelins et les enfants vulnérables âgés de 6 à 59 mois dans les orphelinats sélectionnés en Ethiopie. L'étude montre que la prévalence de l'émaciation, de l'insuffisance pondérale et du retard de croissance était de 4,4%, 12,3% et 34,8%, respectivement. La prévalence du retard de croissance dans cette étude était un problème de santé publique important selon la classification de l'OMS pour l'importance de la santé publique. En effet, les jeunes enfants vivant dans des orphelinats sont particulièrement vulnérables à la dénutrition en raison de leur exposition à des conditions telles que la pauvreté et l'absence d'allaitement ou l'allaitement limité. En outre, les taux d'émaciation et d'insuffisance pondérale, tels que définis par l'OMS, ont été classés respectivement dans les catégories " acceptable " et " prévalence moyenne ". [19]

La prévalence de l'émaciation est de 4,4 %, ce qui correspond plus ou moins aux études menées au Kenya (3,7 %), dans les orphelinats du Ghana (5,3 %) et dans la ville de Hawassa (7,5 %). [17,20,21] Cependant, elle était inférieure à la prévalence de l'émaciation dans la ville de Gondar (9,9 %), à Gambella (19 %), en Inde (15,71 %), au Kazakhstan (22,1 %) et au Nigeria (18 %). [15,16,22-24] Cela est probablement dû à la différence de la zone d'étude, de la culture et des habitudes alimentaires des enfants. Les chances d'émaciation parmi les OEV qui ont été malades avant 2 semaines étaient 4,9 fois plus élevées que celles des OEV qui n'ont pas été malades. Ce phénomène, dû à la maladie, peut entraîner une baisse de l'appétit, une mauvaise digestion et une malabsorption qui conduit à la malnutrition. Ce résultat est similaire à l'étude menée dans la communauté rurale de Hawassa, au centre d'orphelinat de Mygoma, à Khartoum, au Soudan, et à Tangle, dans le district du Bangladesh, qui a montré une relation significative entre le type de maladie et l'émaciation. [20,25,26] En revanche, une étude menée par Panpanich dans des orphelinats du Malawi et dans la division de Dagorti au Kenya n'a montré aucune relation significative entre l'émaciation et la maladie. [27] La raison de cette divergence pourrait être due à la différence de style de vie et de statut économique des pays.

Dans cette étude, la prévalence du retard de croissance était de 34,8 %. Ce résultat correspond plus ou moins aux données publiées au Nigeria (34 %), à Hawassa (35,1 %) et au Kazakhstan (36,7 %). [20,22,23] Les résultats actuels sont inférieurs à ceux des études réalisées chez les enfants de la ville de Gondar (45,7 %)[15]. Cependant, elle était plus élevée que les résultats obtenus au Kenya (15,4 %), au Ghana (17,9 %), en Inde (18,6 %) et à Gambella (10 %). [16,17,21,24] Ces résultats peuvent varier en raison de la différence de la zone d'étude, de la taille de l'échantillon et de la différence socio-économique. En ce qui concerne le statut d'orphelin, il y avait une association significative entre les enfants doublement orphelins et le retard de croissance. Les enfants doublement orphelins présentaient un risque de retard de croissance 2,9 fois plus élevé que ceux dont au moins un parent était en vie. Cela s'explique par le fait que les enfants qui ont perdu à la fois leur principal fournisseur de soins et leur père étaient plus susceptibles de souffrir de malnutrition et d'être petits pour leur âge. [28] Cette étude a montré que les enfants qui n'avaient pas pris de supplément de vitamine A au cours des six derniers mois présentaient un risque de retard de croissance 1,9 fois plus élevé que les enfants qui avaient pris la dose recommandée. Les résultats de cette étude sont similaires à ceux d'une étude menée à Gondar, dans le nord de l'Ethiopie. [15] Cependant, les études concernant la supplémentation en vitamine A et la croissance dans les pays en développement ont donné des résultats contradictoires. Par exemple, une étude contrôlée randomisée menée auprès d'enfants indonésiens d'âge préscolaire a montré que la supplémentation en vitamine A améliorait la croissance linéaire. De plus, cet effet était plus important chez les enfants qui n'étaient pas allaités au sein. [29] Cela suggère que la supplémentation en vitamine A peut protéger contre le retard de croissance, ou inverser le retard de croissance. [29,30] Une autre étude, cependant, dans un essai contrôlé randomisé dans le nord du Ghana, n'a trouvé aucune association significative entre la supplémentation en vitamine A et la croissance linéaire des enfants. [31] Cette incohérence était due à l'effet d'autres facteurs de l'environnement.

La prévalence de l'insuffisance pondérale chez les OEV était de 12,3 % dans cette étude. Elle était plus ou moins conforme à celle du Nigeria (19 %), du Kenya (8,6 %), de Hawassa (8,9 %) et de Gambella (12,4 %). [16,17,20,23] Cependant, des taux de prévalence d'insuffisance pondérale plus élevés que ceux observés ici ont été signalés à Gondar (27,8 %), à Almighty, au Kazakhstan (31,5 %) et en Inde (22,86 %). [15,22,24] Cela pourrait être dû à la nature du contexte de l'étude et aux différences socio-économiques.

## Conclusion

L'étude a révélé que la prévalence de la sous-nutrition (retard de croissance) était un problème de santé publique important selon la classification de l'OMS pour l'importance de la santé publique. Selon l'analyse des variables indépendantes avec les variables de résultat, le fait d'être un enfant doublement orphelin et le manque de supplément de vitamine A étaient des prédicteurs indépendants de l'augmentation du retard de croissance. De plus, la maladie au cours des deux semaines précédant l'enquête était significativement associée à l'émaciation.

L'autorité sanitaire et l'administrateur de l'orphelinat devraient s'efforcer de diminuer la proportion de dénutrition en renforçant les efforts pour augmenter les taux de supplémentation en vitamine A, et d'autres mesures de prévention des maladies devraient être mises en œuvre. Puisque cette étude a évalué le statut nutritionnel des OEV de manière quantitative, d'autres études qualitatives devraient être menées pour trianguler les résultats.



En raison de la nature transversale de l'étude, il pourrait être difficile d'établir une relation de cause à effet.

Les facteurs prédictifs connus pour affecter l'état nutritionnel des OEV, tels que l'apport alimentaire et d'autres carences en nutriments spécifiques, comme la carence en zinc, n'ont pas été évalués dans cette étude.

Une sous-déclaration ou une sur-déclaration de l'âge des enfants pourrait également être envisagée compte tenu de la situation des enfants. Cependant, nous avons examiné différents documents pour nous assurer de la documentation de l'âge réel des enfants.

## Abréviations

SIDA : Syndrome d'immunodéficience acquise ; AOR : Adjusted Odds Ratio ; BCG : Bacille Calmette Guerin ; CI : Confidence Interval ; COR : Crude Odds Ratio ; CSA : Agence centrale des statistiques ; DPT : Diphtérie, coqueluche et tétanos ; EDHS : Ethiopian Demographic and Health Survey ; EMDHS : Ethiopian Mini Demographic and Health Survey ; HAZ : Height for Age Z- score ; HepB : Hépatite B ; Hib : Haemophilus influenzae type B ; VIH : Virus immunitaire humain ; ONG : Organisation non gouvernementale ; OC : Orphan Children ; OVC : Orphans and Vulnerable Children ; SD : Standard Deviation SPSS : Statistical Package for the Social Science ; SPHMMC : St Paul's Hospital Millennium Medical College ; UNICEF : Fonds international d'urgence pour l'enfance des Nations Unies ; WAZ : Weight for Age z-score ; WHZ : Weight for Height Z- Score ; WHO : Organisation mondiale de la santé.

## Remerciements

Nous remercions le département de santé publique du St Paul's hospital millennium medical college (SPHMMC), le bureau des affaires des femmes et des enfants d'Addis Abeba, les administrations de l'orphelinat et leur personnel pour leur coopération.

Enfin, nos remerciements les plus sincères vont au centre de santé de

Dil-frie pour la mise à disposition des instruments nécessaires à la réalisation de l'étude.

## Intérêts concurrents
Pas d'intérêts concurrents

## Approbation éthique et consentement à la participation
L'étude a été menée conformément à la Déclaration d'Helsinki, et une autorisation éthique a été obtenue auprès du comité d'examen institutionnel du St Paul's hospital millennium medical college (SPHMMC). Une lettre d'autorisation officielle a été envoyée au département des affaires féminines et de l'enfance de l'administration de la ville d'Addis-Abeba et à l'administrateur de l'orphelinat enregistré concerné. Les enquêteurs se sont assurés que les administrateurs des orphelinats comprennent l'objectif de l'étude, les procédures de l'étude et les avantages avant d'obtenir un consentement éclairé écrit. Chaque orphelinat a été informé qu'il avait le droit de participer ou de refuser de participer à l'étude. La confidentialité des participants a été assurée, toutes les informations recueillies étant traitées de manière confidentielle en évitant de mentionner leur nom et toute autre information permettant de les identifier.

## Financement
Néant

Référence

1. UNICEF. Progrès pour les enfants : Un bilan de la nutrition. *Unicef* 133 (2006). doi:http://www.unicef.org/publications/files/Progress_for_Chil dren- No._7_Lo-Res_082008.pdf

2. Hoseini, B. L., Moghadam, Z. E., Saeidi, M., Askarieh, M. R. & Khademi, G. Malnutrition des enfants dans différentes régions du monde en (1990-2013). *Int. J. Pediatr.* **3**, 921-932 (2015).

3. Black, R. E. *et al.* Dénutrition et surpoids maternels et infantiles dans les pays à revenu faible et intermédiaire. *Lancet* **382**, 427-451 (2013).

4. Caulfield, L. E., de Onis, M., Blossner, M. & Black, R. E. Undernutrition as an underlying cause of child deaths associated with diarrhea, pneumonia, malaria, and measles. *Am. J. Clin. Nutr.* **80**, 193-198 (2004).

5. Gudina, A., Nega, J. & Tariku, A. The situation of orphans and vulnerable children in selected Woredas and towns in Jimma Zone. *Int. J. Sociol. Anthropol.* **6**, 246-256 (2014).

6. Smyke, A. T. *et al.* The caregiving context in institution-reared and family-reared infants and toddlers in Romania. *J. Child Psychol. Psychiatry Allied Discip.* **48**, 210-218 (2007).

7. Unicef. *Les générations orphelines et vulnérables d'Afrique : Les enfants affectés par le SIDA. Unicef* (2006).

8. Bezerra, L. M. D. Global report on human settlements 2009 : planning sustainable cities, édité par le Programme des Nations Unies pour les établissements humains, Royaume-Uni et États-Unis, Earthscan, 2009, 336 p., 58 $ US (broché), ISBN 9781844078998. *Urban Res. Pract.* **3**, 229-230 (2010).

9. Zehra Kavak, H. Rapport sur les orphelins du monde. *iHH Humanit. Soc. Res. Cent.* 1-48 (2014).

10. Un monde sans orphelins. *UN MOUVEMENT MONDIAL POUR QUE CHAQUE ENFANT GRANDISSE DANS UNE FAMILLE PERMANENTE ET NOURRICIÈRE, ET CONNAISSE SON PÈRE CÉLESTE.* (2016).

11. Family Health International. *Améliorer les options de soins pour les enfants en Éthiopie par la compréhension des soins aux enfants en institution et des facteurs favorisant l'institutionnalisation.* (FHI 360, 2010).

12. Chernet, T. *Overview of Services for Orphans and Vulnerable Children in Ethiopia. Version du rapport de la présentation à l'atelier national,*

*Kigali, Rwanda.* (2001).

13. Vaida, N. Nutritional status of children living in orphanages in

district Budgam, J and K. *Int. J. Humanit. Soc. Sci. Invent.* **2**, 36-41 (2013).

14. Statistiques, C. 2007 POPULATION and HOUSING CENSUS OF ETHIOPIA ADMINISTRATIVE REPORT Central Statistical Authority Addis Ababa. *https://populationstat.com/ethiopia/addis-ababa* (2012).

15. Gultie, T. Statut nutritionnel et facteurs associés chez les enfants orphelins âgés de moins de cinq ans dans la ville de Gondar, en Éthiopie. *J. Food Nutr. Sci.* **2**, 179 (2014).

16. Egata G, Mesfin F, F. S. la prévalence de la dénutrition et les facteurs associés chez les enfants orphelins âgés de 6 à 59 mois dans la ville de Gambella, sud-ouest, Éthiopie. (2018).

17. Months, C., County, K., Bakari, M. B., Ng, M.- & Peter, C. Childcare Practices , Morbidity Status and Nutrition Status of Preschool Children (24-59 Months) Living in Orphanages in Kwale County, Kenya. *Int. J. Heal. Sci. Res.* **7**, 263-275 (2017).

18. Institut, E. santé publique & ICF. *Mini enquête démographique et sanitaire : indicateurs clés. Manuel des pays fédéraux* (2019).

19. Organisation mondiale de la santé. Guide d'interprétation. *Nutr. Landacape Inf.*

    *Syst.* 1 (2010). doi:10.1159/000362780.Interprétation

20. Getaneh, B., Kulkarni, U. & Mariam, Y. G. Assessment of the

Nutritional Status and Associated Factors of Orphans and Vulnerable Preschool Children on Care and Support from Nongovernmental Organizations in Hawassa Town. *Glob. J. Med. Res.* **16**, (2016).

21. Ali, Z. *et al.* Statut nutritionnel et diversité alimentaire des enfants orphelins et non - orphelins de moins de cinq ans : une étude comparative dans la région de Brong Ahafo au Ghana. *BMC Nutr.* **4**, 32 (2018).

22. Hearst, M. O. *et al.* GROWTH, NUTRITIONAL, AND DEVELOPMENTAL STATUS OF YOUNG CHILDREN LIVING IN ORPHANAGES IN KAZAKHSTAN. *Infant Ment. Health J.* **35**, 94-101 (2014).

23. Obiakor -Okeke, P. & Nnadi, C. Statut nutritionnel, soins et pratiques alimentaires des nourrissons et des enfants d'âge préscolaire (0 -5 ans) dans les foyers pour bébés sans mère dans la métropole d'Owerri. *J. Biol.* **4**, 190-198 (2014).

24. Kamath, S. M., Venkatappa, K. G. & Sparshadeep, E. Impact of Nutritional Status on Cognition in Institutionalized Orphans : Une étude pilote. 1-4 (2017). doi:10.7860/JCDR/2017/22181.9383

25. Banik, P. C. & Mondal, R. Évaluation de l'état nutritionnel d'un orphelinat de filles du gouvernement dans le district de Tangail

au Bangladesh. *SMUMedical J.* 2006-2015 (2017).

26. Hassain, A. A. G. N. A. El. Malnutrition parmi les enfants en bas âge dans le centre d'orphelinat de Mygoma ; Khartoum ; Soudan. *Int. J. Sci. Res.* **3**, 198200 (2014).

27. Mwaniki, E. W., Makokha, A. N. & Muttunga, J. N. Nutrition Status and Associated Morbidity Risk Factors Among Orphanage and NonOrphanage Children in Selected Public Primary Schools Within Dagoretti, Nairobi, Kenya. *East Afr. Med. J.* **91**, 289-297 (2014).

28. Unicef. *Les générations orphelines et vulnérables d'Afrique : Les enfants affectés par le SIDA.* (2006).

29. Hadi, H. *et al.* La supplémentation en vitamine A améliore sélectivement la croissance linéaire des enfants indonésiens d'âge préscolaire : résultats d'un essai contrôlé randomisé. *Am. J. Clin. Nutr.* **71**, 507-513 (2000).

30. Sedgh, G., Herrera, M. G., Nestel, P., Amin, A. & Fawzi, W. W. Community and International Nutrition Dietary Vitamin A Intake and Nondietary Factors Are Associated with Reversal of Stunting in Children. *J. Nutr.* 2520-2526 (2000).

31. Kirkwood, B. R. *et al.* Effect of vitamin A supplementation on the growth of young children in northern Ghana. *Am. J. Clin. Nutr.* **63**, 773-781 (1996).

**Tableau 1 :** Caractéristiques sociodémographiques des orphelins de moins de cinq ans et des enfants vulnérables âgés de 6 à 59 mois dans les centres d'orphelinat sélectionnés d'Addis Abeba, Ethiopie, mai/2020.

| Variables(n=227) | Fréquence | Pourcentage |
|---|---|---|
| Âge en mois(moyenne ±*SD*)=f36 ± *12*) | | |
| 6-11 | 8 | 3.5 |
| 12-23 | 17 | 7.5 |
| 24-35 | 74 | 32.6 |
| 36-47 | 83 | 36.6 |
| 48-59 | 45 | 19.8 |
| Sexe | | |
| Femme | 77 | 33.9 |
| Homme | 150 | 66.1 |

Durée du séjour dans l'orphelinat (moyenne ± SD)=.

(19.3 ± 10.2)

| | | |
|---|---|---|
| <12 | 67 | 29.5 |
| 12-23 | 79 | 34.8 |
| 24-35 | 67 | 29.5 |
| >=36 | 14 | 6.2 |
| **Statut de vie des parents** | | |
| Double orphelin | 186 | 81.9 |
| Au moins un parent vivant | 41 | 18.1 |

**Tableau 2 :** Maladie et statut vaccinal des orphelins et des enfants vulnérables âgés de 6 à 59 mois dans les centres d'orphelinat sélectionnés d'Addis Abeba, Ethiopie, mai/2020.

| Variables(n=227) | Fréquence | Pourcentage |
| --- | --- | --- |
| Il a reçu tous les vaccins de base ? | | |
| Oui | 160 | 70.5 |
| Non | 67 | 29.5 |
| Supplément de vitamine A au cours des six dernières mois | | |
| Non | 66 | 29.1 |
| Oui | 161 | 70.9 |
| Maladie au cours des deux dernières semaines | | |
| Non | 184 | 81.1 |
| Oui | 43 | 18.9 |
| Diarrhée | | |
| Non | 17 | 39.5 |

| Oui | 26 | 60.5 |
| --- | --- | --- |
| Toux /rhume ordinaire | | |
| Non | 32 | 74.4 |
| oui | 11 | 25.6 |
| fièvre | | |
| Non | 37 | 86.1 |
| Oui | 6 | 13.9 |

**Tableau 3** : Analyse de régression logistique multivariable montrant les facteurs associés à l'émaciation chez les OEV âgés de 6 à 59 mois dans un orphelinat sélectionné d'Addis-Abeba, en Éthiopie, mai/2020.

| Variables | Perte de poids | COR (95%CI) | AOR (95%CI) |
| --- | --- | --- | --- |
| | Oui N (%) | Non N (%) | |
| **Sexe** | | | |
| Homme | 6(60) | 144(66. | 411 |
| Femme | 4(40) | 73(33.6 | 1.315(.0.360,14.807) 1.405(0.358,5.513) |
| **Durée du séjour à l'orphelinat** | | | |
| <12 | 5(50) | 62(28.5) | 11 |
| 12-23 | 1(10) | 77(35.5)0.166(0.018,1.415) *0 .357(0.063, 2.025 | |
| 24-35 | 2(20) | 65(30)0.382(0.071,2.040) *0 .457(0.081, 2.578 | |
| >=36 | 2(20) 8.833 | 13(6) 1.908(0.333,10.928) * 0.828 (0.077, | |
| Maladie au cours semaines | deux | | |

| No5 50) | ( | 179(82.5 | | 11 |
| Oui5 50) | ( | 38(17.5 4.711(1.299,17.079) * 4.92(1.345,1.865) | | |

Nous sommes les enfants
A-t-il reçu tous les vaccins de base ?

| No1 10) | ( | 66(30.4) 0.254(0.032,2.047) *0 (0 019 1 384 | . | 161 |
| Oui9 90) | ( | 151(69.6) | | 11 |

Maximum S. E=1.1

AOR= Odd Ratio ajusté ; CI= Intervalle de confiance ; COR= Odd Ratio brut

Ratio ; *= p-value <0,25 **= p-value <0,05

Tableau 4 : Analyse de régression logistique multivariable montrant les facteurs associés à l'insuffisance pondérale chez les OEV âgés de 6 à 59 mois dans les centres d'orphelinat sélectionnés d'Addis-Abeba, en Ethiopie, mai/2020.

| Variables | Sous-pondération | | COR (95%CI) | AOR (95%CI) |
|---|---|---|---|---|
| | Oui N (%) | Non N (%) | | |
| **Sexe** | | | | |
| Homme | 19(67.9) | 131(65.8) | 1 | 1 |
| Femme | 9(32.1) | 68(34.2) | 0.913(0.395 ,2.125) | 0.998(0.398,2.501) |
| **Âge (mois)** | | | | |
| 6-11 | 4(14.3) | 4(2) | 4.625(0.950,22.513) * | 2.124(0.291,15.519) |
| 12-23 | 3(10.7) | 14(7) | 0.991(0.230,4.278) * | 0.821(0.136,4.954) |
| 24-35 | 6(21.4) | 68(34.2) | 0.408(0.132,1.265) * | 0.462(0.134,1.596) |

| | | | |
|---|---|---|---|
| 36-47 | 7(25) | 0.426(0.144,1.264) * | 0.436(0.137,1.389) |
| | 76(38.2) | | |
| 48-59 | 8(28.6) | | 1 |
| | 37(18.6) | 1 | |

---

Supplément de vitamine A

| | | | |
|---|---|---|---|
| Non | 13(46.4) | 2.387(1.066,5.348) * | 1.767(0.663,4.711) |
| | 53(26.6) | | |
| Oui | 15(53.6) | | 1 |
| | 146(73.4) | 1 | |

---

Parent vivant

statut

| | | | |
|---|---|---|---|
| Double orphelin | 27(96.4) | 6.792(0.896,51.502) | *3.341(0.901,37.254) |
| | 158( 79.4) | | |
| | | | 1 |
| | | 1 | |
| Au moins un | 1 (3.6) | | |
| parent vivant | 41 (20,6 | | |

Diarrhée

---

| | | | |
|---|---|---|---|
| Non | 20(71.4) | 4.282(1.642,11.171) | *2.246(0.640,7.878) |
| | 182(91.5) | | |

| | | COR (CI) | AOR (CI) |
|---|---|---|---|
| Oui | 8(28.6) | 1 | 1 |
| | 17(8.5) | | |

| Durée du séjour à l'orphelinat | | | |
|---|---|---|---|
| <12 | 11(39.3) | 1 | 1 |
| | 56(28.4) | | |
| 12-23 | 9(32.1) | 0.664(0.257,1.715) * | 0.984(0.303,3.191) |
| | 69(34.7) | | |
| 24-35 | 5(17.9) | 0.411(0.134,1.255) * | 0.461(0.115,1.848) |
| | 62(31.2) | | |
| >=36 | 3(10.7) | 12(6)1.273(0.307,5.269) * | 0.850(0.135, 5.344) |

Maximum S. E=1.09

AOR = Odd Ratio ajusté ; CI = Intervalle de confiance, COR = Odd Ratio brut.

Ratio ; *= valeur p <0,25

Maximum S. E=0.827

AOR = Odd Ratio ajusté ; CI = Intervalle de confiance, COR = Odd Ratio brut.

Ratio ; *= p-value <0,25 **= p-value <0,05

**Tableau 5** : Analyse de régression logistique multivariable montrant les facteurs associés au retard de croissance chez les OEV âgés de 6 à 59 mois dans les centres d'orphelinat sélectionnés d'Addis-Abeba, en Ethiopie, mai/2020.

| Variables | Retard de croissance | | COR (95%CI) | AOR (95%CI) |
|---|---|---|---|---|
| | Oui N (%) n | No | | |
| | N (%) | | | |
| **Âge (mois)** | | | | |
| 6-11 | 5(6.3) | | 2.281(0.485, 10.732) | 1.435(0.284 ,7.258) |
| | 3(2) | | * | |
| 12-23 | 8(10.1) | | 1.216(0.396, 3.732) | 1.005(0.298 ,3.390) |
| | 9(6.1) | | | |
| 24-35 | 23(29.1) | | 0.617(0.286, 1.332) | 0.593(0.265 ,1.235) |
| | 51(34.5) | | | |
| 36-47 | 24(30.4) | | 0.557(0.261, 1.188) | 0.580(0.265 ,1.267) |
| | 59(39.9) | | * | |
| 48-59 | 19(24.1) | | 1 | 1 |
| | 26(17.5) | | | |
| **Sexe** | | | | |

| Femme | 22(27.8) | 0.653(0.360 ,1.182) | 0.685(0.367 ,1.279) |
| | 55(37.2) | * | |
| Homme | 57(72.2) | 1 | 1 |
| | 93(62.8) | | |

**Supplément de vitamine A**

| Non | 32(40.5) | 2.283( 1.265,4.1 | 1.996(1.049, 3.799) |
| | 34(23) | * | ** |
| Oui | 47(59.5) | 1 | 1 |
| | 114(77) | | |

**Statut de vie des parents**

| Double orphelin | 72(91.1) | 3.068(1.291,7 .288) | 2.934(1.201 ,7.167) |
| | 114(77) | * | ** |
| Au moins un | 7(8.9) | 1 | 1 |
| parent vivant | 34(23) | | |

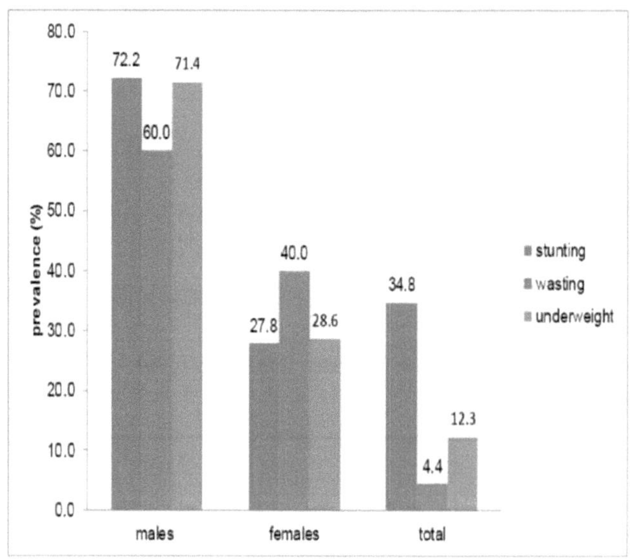


Figure 2 : Prévalence de la dénutrition chez les orphelins et les enfants vulnérables par sexe dans les orphelinats sélectionnés d'Addis Abeba, Ethiopie, mai/2020.

# Table des matières

# I want morebooks!

Buy your books fast and straightforward online - at one of world's fastest growing online book stores! Environmentally sound due to Print-on-Demand technologies.

Buy your books online at
**www.morebooks.shop**

Achetez vos livres en ligne, vite et bien, sur l'une des librairies en ligne les plus performantes au monde!
En protégeant nos ressources et notre environnement grâce à l'impression à la demande.

La librairie en ligne pour acheter plus vite
**www.morebooks.shop**

KS OmniScriptum Publishing
Brivibas gatve 197
LV-1039 Riga, Latvia
Telefax: +371 686 204 55

info@omniscriptum.com
www.omniscriptum.com

Printed by Books on Demand GmbH, Norderstedt / Germany